U0095030

好城市的空間法則

長銷
經典版

101 Things I Learned
in Urban Design School

Matthew Frederick
and Vikas Mehta

給所有人的第一堂空間課，看穿日常慣性，找出友善城市的101關鍵要素

原點
UN-
300(S

作者序

Author's Note

都市設計的學生活在矛盾裡。在每學期的設計實習課中，他們要負責設計城鎮裡的重要區塊，儘管他們幾乎沒有設計經驗，對都市主義也了解有限。對於該如何達成目標，他們只得到最低限的指導；他們必須從做中學。這種做法或許有其必要，身為指導老師，我們也不敢說自己能找到更好的方法，但它要求學生得同時朝兩個相反的方向移動：要前進，去完成專案，同時要後退，去理解讓專案更加完善的相關知識。

學生該怎麼調解這種矛盾？你要如何在對某樣東西一無所知的情況下設計它？你該從哪裡起步——先理解或先行動？有沒有什麼具體的策略可以讓你倚靠，又能讓你隨時對更廣闊的學識保持警醒？

答案不太可能在教科書或正式的教案中找到。但這些答案還是存在於設計實習裡，通常是在指導老師為了拯救卡關學生，嘘走他們的任性妄為，或提點與激勵他們時，所提供的說明按語與即席觀察。一旦這些按語偏離了正軌，指導老師就會回歸教案——也就是形式上的「真正」教學。但我們認為，這些按語更常是真正的教學。所以，我們會在接下來的篇幅裡精選出其中的101 則，而我們發現，這真是一項教人既卻步又解放的任務。怯步，因為都市設計是人類最大規模的實體工作，你不可能把它塞進一本小書裡。但也解放，因為我們真正的目標，就是要陪著學生度過設計實習的種種難關。

我們會把焦點放在北美都市主義最尋常的一些面向上。我們不會去追求某些教學、運動，以及建立在某些都市設計規劃上的專案：像是超級城市的規劃；在城市與自然之間做大規模、基礎性的介入設計；傳統都市主義的再創造：或「戰術性」都市主義的巧妙應用。上述每一項都有許多東西可以學習，但我們認為，對所有的都市場所而言，最根本的問題始終是一般人在尋

常生活裡的日常經驗。

基於這個理由，我們認為這本書對設計實習課外的其他許多讀者也很實用。事實上，站在真實世界都市設計最前線的那些人，包括城鎮行政人員、專業設計師和規劃師，以及一般市民，他們也跟學生一樣進退兩難：儘管有更大的問題需要探索，但還是期盼或希望能快速找到具體可行的解決方案。最常見的做法就是採用別人消化整理過的設計準則，像是「完整街道」（complete street）處方和其他預製好的解決方案，彷彿都市設計有一套可普世通用的標準答案。普世原則無疑可套用到所有都市場所。但讓每個場所根深柢固、保持原味和深受喜愛的做法，都是獨一無二的。這正是都市設計無法採用線性教學的原因所在。有些東西是普世的，有些是獨特的，雖然有些應該比其他先學，但又沒有一個起點。對不同的人而言，全面了解都市設計的切入點都是不同的。我們希望以下這些原則有些是適合你的。

馬修・佛瑞德列克和維卡斯・梅塔

目錄 Contents

致謝

Acknowledgments

感謝 Tricia Boczkowski、Steve Delp、Sorche Fairbank、Matt Inman、Conrad Kickert、Andrea Lau、Binita Mahato、Shilpa Mehta、Scott Paden、Danilo Palazzo、Amanda Patten、Angeline Rodriguez、Molly Stern 以及 Rick Wolff。

好城市的空間法則

給所有人的第一堂空間課,看穿日常慣性,
找出友善城市的101關鍵要素

101 Things I Learned in Urban Design School

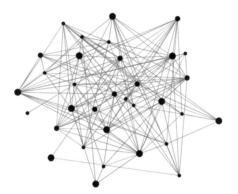

關係才是重點，不是個別部分

在共生系統裡，每一部分都透過它與其他部分的關係而得到強化。共生連結就是要把部分與部分繫聯起來，把個別部分串接成系統，再讓系統結合其他系統。

01

You're 85% like everyone else 85% of the time.

在 85% 的時間裡，你有 85% 是與其他人一樣的。

研究都市設計的基本工具，就是你和你的城市或鄉鎮，這些都是一天二十四小時皆能取得的。檢視一下你在都市場所裡的行為，你大致就能了解哪些東西對其他人有用，以及原因何在。你喜歡走在某些街道勝過其他街道，或喜歡走在街道的某一邊勝過另一邊嗎？你會走某條路去朋友家，然後走另一條路回家嗎？你會在城裡的某個區塊迷失方向嗎？你在某些場所與陌生人在一起感覺自在，但在其他場所卻覺得不舒服嗎？最重要的是，你能具體指出這些場所的哪些屬性，影響了你的行為和體驗嗎？

O2

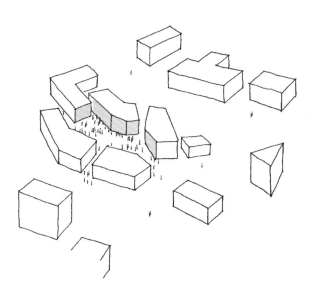

We prefer enclosed spaces.

我們喜歡圍起來的空間。

和普遍的看法相反，大多數人會避開寬廣開放的空間。我們或許偶爾會享受在曠野中健行，去海灘玩耍，或從汽車裡面欣賞遼闊的風景，但在都市涵構裡，我們會選擇棲息在界限明確並具有高度圈圍性的戶外空間。

O3

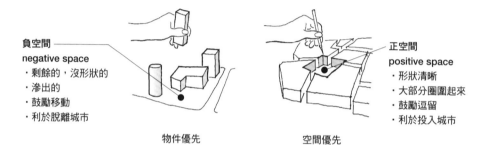

負空間
negative space
・剩餘的，沒形狀的
・滲出的
・鼓勵移動
・利於脫離城市

正空間
positive space
・形狀清晰
・大部分圍圍起來
・鼓勵逗留
・利於投入城市

物件優先

空間優先

Invert your thinking.

翻轉思維。

我們的文化讓我們傾向於將現實理解為物件的排列。對我們的現代雙眼而言，空間是一塊空白，我們在裡頭創造或放置物件。我們傾向不給空間形狀，而是把它當成物件擺放之後的剩餘或殘留部分。

打造都市場所時，則要套用相反的理解。我們通常會為建築物賦予形狀，都市設計師則是要為戶外空間賦予形狀。這時，建築物才是剩餘部分；它們通常是用來定位、組構、塑形甚至變形，好讓公共街道與廣場呈現出清晰、有意義的形狀。

04

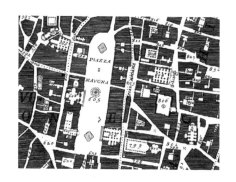

諾利（Nolli）*的羅馬地圖（局部），1748

*譯註：諾利（1701-1756），羅馬建築師與測量師。他花費十餘年時間測量繪製羅馬地圖，將封閉空間塗黑，將室外與室內的公共空間留白，後世將這種可彰顯圖底關係的地圖稱為諾利圖，對現代都市設計影響深遠。

Space doesn't make space. *Forms* make space.

空間並不創造空間。形式創造空間。

為了讓公共空間擁有清楚的形狀，周圍必須有大量的建築形式，而非更多空間。在可行走的區域，地面覆蓋率——建築物占地面積與區塊內的土地面積比——通常超過五成。在古代城市，這個比率可能超過九成。

O5

地理上的波士頓市郊　　　許多區域擁有郊區的特色　　　市政府　　　十三個都市／
　　　　　　　　　　　　　　　　　　　　　　　　　　　　　　　　　　準都市小村

紐頓，麻薩諸塞州

Cities aren't always urban, and suburbs aren't always suburban.

城市未必是都市，市郊未必是郊區。

都市（urban）：擁有高密度人口和混合性用途。都市區可存在於城市的政治疆界之內或之外，大小可能是一個里、鄰、區、鎮或市。

郊區（suburban）：就英文字面而言，郊區就是比較不都市，擁有低密度人口和區隔性用途。suburban 也是一種地理性的描述名詞，用來指稱所有位於大城市外圍的聚落，即便它有可能部分或大部分具有都市性。

城市（city）：一個不斷發展的複雜聚落，擁有大量人口，通常包含都市區和郊區，有些甚至包含鄉野。城市可能是一個正式的政治實體，也可能不是。

都市蔓延（urban sprawl）：郊區蔓延（suburban sprawl）的誤稱。都市主義的內在本質是緊實的。

06

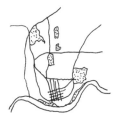

都市設計 urban design

景觀建築 landscape architecture

規劃 planning

建築 architecture

Urban design isn't architecture writ large.

都市設計並非建築的放大版。

都市設計會影響建物建築，也會受其影響，但它並非多棟建物的設計。它的設計對象是公共領域，包括建物之間的關係。它是由許多學科所塑造，包括建築、公共政策、行為科學、社會學、環境科學、景觀建築、都市規劃和土木工程。

O7

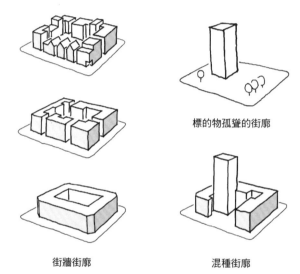

標的物孤聳的街廓

街牆街廓　　　　　　混種街廓

Honor the streetwall.

榮耀街牆。

大多數的都市建物都該是**街牆建物**（streetwall building），有著連續或幾近連續的臨街正面，沿著或鄰近人行道一字排開。這讓街道空間擁有一致的形狀，並讓一樓的用途親近行人。在最舒服、最好走的街道上，每個街廓有著人行道的臨街正面，會有五成以上由街牆構成，通常會接近百分百。

標的建物（object building）則是由開放空間環繞。我們通常只能看到街牆建物的其中一面或兩面，而標的建物則讓我們可以繞著它的四周移動，並可察覺到這是一座3D 實體。設計標的建物時，通常會讓它從涵構中凸顯出來──例如，把它退到街牆後面，從地面架高，或是扭轉方位，打破鄰近的主要幾何。

O8

Knit some fabric.

編織一些紋理。

織品的紋理是由許多個別絲線編織而成。如此生產出來的布料，整體看，會有一致的構成。但若仔細觀察，就會顯現出極大的多樣性——例如線的顏色、粗細和間距；例如粗節凸紋和其他局部差異；例如鑲嵌斜紋或緹花圖案。

實用又吸引人的服裝，會有一些獨特之處——像是接縫、摺子、鈕扣、翻領和袖口。但如果沒有一致強韌的布料，根本不會有什麼獨特之處；連衣服都不會有。

O9

街廓優先

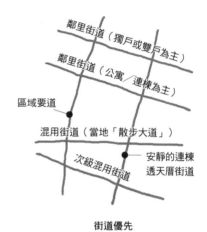

街道優先

Design streets, not blocks.

設計街道，而非街廓。

二十世紀都市設計師和規劃師的典型錯誤，就是將都市場所設想成街廓的聚集體，並讓每個街廓專注於單一用途。但居住在都市場所裡的居民，他們最主要關注的其實是街道。店家、屋主和行人都希望他們置身的街道具有整體性和連貫性——可以從他們所在的地方往上、往下和跨越。讓街廓的其他三邊提供和他們所在的這邊一模一樣的服務，對他們而言並沒有什麼好處。

1O

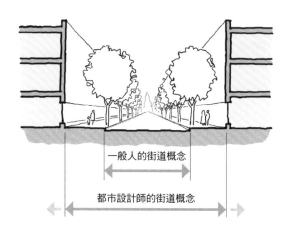

一般人的街道概念

都市設計師的街道概念

A street isn't curb to curb.

街道不是從路緣到路緣。

街道並不是汽車在上面行駛的二維表面，而是從建物立面到建物立面延伸出去的立
體空間。都市設計師對街道的考量甚至可以延伸到建物裡面。

11

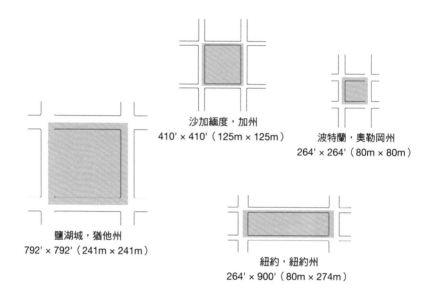

沙加緬度，加州
410' × 410'（125m × 125m）

波特蘭，奧勒岡州
264' × 264'（80m × 80m）

鹽湖城，猶他州
792' × 792'（241m × 241m）

紐約，紐約州
264' × 900'（80m × 274m）

常見的街廓尺寸，街道中心線 × 街道中心線，包括街廓中間的巷子（如果有的話）

Small blocks are friendlier.

小街廓比較友善。

街廓越短，人們越容易探索，越容易挑選喜歡的遊走路線，或是繞著街廓散步。在最宜走的都市場所，街廓的尺度至少有一個方向會小於 275 呎（84 公尺），也就是一般行路人一分鐘可以走完的距離。反之，街廓也可能較長，但如果超過 600 呎（183 公尺），就應該用一條中間捷徑將街廓打破，例如人行道、小型公園或穿堂。

短街廓意味著有更多交叉路口，可為更多商家提供更高的可見度。長街廓往往會較安靜，對街廓中段的商家比較不利。不過，長街廓對住宅區有利，特別是在大城市裡。曼哈頓東西向的超長街道可以讓它最內裡的部分得到緩衝，躲過商業大道的極度喧囂。商業大道沿著比較短的南北向穿越街廓。

12

密爾瓦基美術館（Milwaukee Art Museum）
建築師：聖地牙哥・卡拉特拉瓦（Santiago Calatrava）

If every building is a landmark, there's no landmark.

如果每棟建物都是地標，地標就沒意義。

標的建物必須具有值得關注的特色。要將標的局限在真正重要的建物上，例如主要的市政或機關建築。當標的建物在某個區域內變成常態而非例外，開放空間就會增加，宜居性和宜走性則會降低。

13

郊區

都市

Suburban streets collect. Urban streets interconnect.

郊區街道層層集聚。都市街道平等互聯。

郊區街道網通常是層級性的。每條道路都會從比較低層級的街道那裡接收流量,然後將它輸送到較高層級的街道。例如,郊區住宅的死巷本來就只打算給居民和訪客使用。它可能會連結到一條環狀的鄰里道路,鄰里道路匯入一條地方性的三級道路,三級道路再匯入一條有黃色條紋的次級道路,次級道路接著匯入一條多線道的主要公路,最後連接一條主要的高速公路。

都市的街道就比較平等而且交織。幾乎每條街道都會和其他許多街道連結,讓你可以從系統裡的某一點經由幾乎任何一條街道走到另一點。甚至連純住宅區的街道,也接受不作停留的過境交通,減輕整體系統的負擔,並促進社會之間的相互聯繫。

14

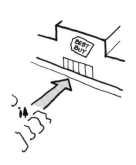

Suburbanites walk perpendicular. Urbanites walk parallel.

郊區居民走垂直線。都市居民走平行線。

郊區的土地是根據目的做規劃，因此郊區經驗通常是選擇性的、單一變數的、以目的地為導向的。你前往一個或多個目的地，每個目的地都是為了回應單一目標。其間的旅程通常不具有經驗價值。因此，當郊區居民在條狀商店街購物時，通常會把車開到店門口才下車。如果需要造訪多家商店，他們會先走回車上，開一小段路，然後重複剛才那條直通路線，進入下一個目的地。

都市的經驗則是連續的、斜線的、偶然的。它是同時一起，而非一次一件。雖然你在穿越都市場景時心中有一個目的地，但抵達目的地的路程會是豐富的、多樣的，而且引人入勝。

15

"Urbanism works when it creates a journey as desirable as the destination."

——PAUL GOLDBERGER

「當都市主義打造出一段與目的地同樣吸引人的路程時，它就發揮了功效。」

——保羅・高伯格 *

* 譯註：保羅・高伯格（1950–），美國建築評論家，為《紐約時報》和《紐約客》撰寫建築評論十餘年，曾獲頒普立茲傑出評論獎，著有《建築為何重要》（*Why Architecture Matters*）等書。

16

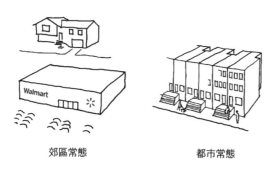

郊區常態　　　　　　　　都市常態　　　　　　　　大型建物的調整

Narrow side to the street.

窄邊臨街。

在最宜走的街道上，建物和建物基地的寬度往往會小於 20 呎（6 公尺）。這可讓行人在一段短距離內參與眾多機會；同樣的時間，你可以行經一棟 100 呎（30 公尺）寬的建物，或五棟 20 呎（6 公尺）寬的建物。在這樣一條路上，你可以得到五種有趣的經驗，支持五種不同的行業，或和五位不同鄰居相遇。

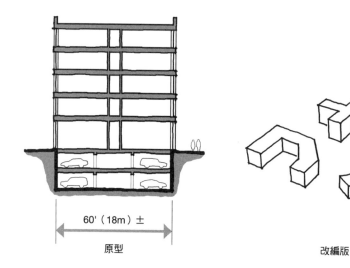

60'（18m）±

原型

改編版

Make most buildings from 60' wide strips.

將大多數建物設計成 60 呎（18 公尺）寬的條狀。

一個 400 呎見方（122 公尺見方）的街廓，如果全由一棟建物填滿，它的某些居民將會距離自然光和空氣 200 呎（61 公尺）遠——這是無法接受的距離。此外，它還需要迷宮般的走道，才能通往位於建物深處的空間。

應該把大多數大型都市建物設想成傳統廊道建物的變體，寬度介於 55 到 65 呎（16.7 到 19.8 公尺）。這種尺寸可容納一條內部廊道，讓各種規劃空間沿著廊道兩側放置，例如住宅公寓、旅館房間、教室、醫院病房或辦公室。如果要在建物內的某些樓層設置停車場，這個尺寸也很實用。

18

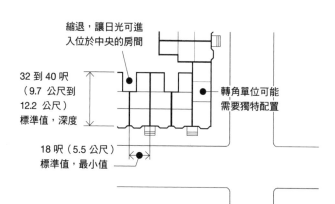

縮退，讓日光可進
入位於中央的房間

32 到 40 呎
（9.7 公尺到
12.2 公尺）
標準值，深度

轉角單位可能
需要獨特配置

18 呎（5.5 公尺）
標準值，最小值

The town house: three rooms deep or less.

連棟透天厝：深度不超過三個房間。

都市連棟透天厝幾乎總是以三個房間做為從正面到背面的深度。這可讓中間房不至淪為接觸不到自然光與空氣的地方。通常，最後面的房間會比前面的窄，讓光線與空氣可以直接進入位於中央的空間。

光輝城市（Ville Radieuse）草圖，柯比意（Le Corbusier）

Draw badly, and often.

潦草畫，經常畫。

寧可用潦草的繪圖傳達構想的本質，也不要等到有時間把圖修到完美再說。草圖是對話的工具，而非最後的正確答案。它說的是「這是我正在想的東西」，而非「這是我想清楚的東西」。

如果你還不確定想要傳達的構想是什麼，先把它畫出來再說。先畫出一張醜草圖，看看它能告訴你什麼，徵詢其他人的意見，等到你有時間，再把圖修得更完整。在這同時，繼續畫出其他構想的醜草圖。這種做法可避免你把寶貴的時間浪費在無謂的精雕細琢上，你可能圖還沒畫完，那個構想就被你拋棄了。

20

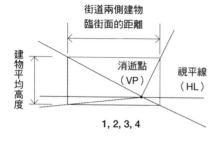

街道兩側建物
臨街面的距離

建物平均高度

消逝點
（VP）

視平線
（HL）

1, 2, 3, 4

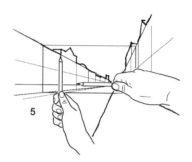

5

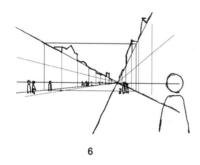

6

如何繪製街道的單點透視圖

1 畫一個長方形符合街道的剖面比例。比方，街道兩側建物臨街面的距離是 60 呎（18.3 公尺），建物的平均高度為 30 呎（9.15 公尺），那就畫一個水平比例 60：30（也就是 2：1）的長方形。

2 將視平線（HL）定位。這條線代表你的眼睛在地面上方的高度。如果你有 5 呎 6 吋（167.6 公分）高，你的眼睛高度約莫是 5 呎（152.4 公分），或 30 呎（9.15 公尺）高的長方形的 1／6。

3 在視平線上畫出消逝點（VP）。由於景象是從右邊人行道望出去，因此要將消逝點擺放在長方形的靠右側。如果景象是從街道中央望出去，就要將消逝點擺在視平線的正中央，與長方形的左右兩側等距。

4 從消逝點分別畫線連結長方形的四個角，稱為規線。這些規線將成為一般建物的頂端和底端。.

5 將路緣、建物和其他主要元素定位。如果你想畫出雙眼所見的真實街道模樣，請將鉛筆伸到距離身體一臂長的位置，以「鉛筆為單位」，決定所有元素的相對大小。

6 在圖裡畫一個和你身高相同的人，把頭的中央畫在視平線上，大小不拘，接著畫出等比例的身體。一般人的身高是頭的 7.5 倍。

21

Citizens, not the police department, make streets safe.

維護街道安全的關鍵是市民，而非警察局。

使用和觀察某一空間的人數越多，且各自的關注興趣越多樣，該空間往往會越安全。

為你提議的每個空間做一項用途測試（Use Test），看看是否有許多理由讓不同的民眾使用它。替該空間做時間線測試（Timeline Test），判斷民眾是否會一週七天，一天二十四小時使用該空間。執行年齡測試（Age Test），了解年輕人和年長者是否都覺得該空間很超值，並做在地人–訪客測試（Native-Visitor Test），衡量在地人與外來者的使用情況。執行路徑–目的地測試（Path-Destination Test），看看民眾是否會在前往該區其他部分時偶爾穿越該空間。用坐–站–靠測試（Sit-Stand-Lean Test）判定該空間的形式和邊緣是否適合短暫和長期停留。進行陽光–陰影測試（Sun-Shade Test），了解該空間是否一年四季的白天都能留住喜歡曬太陽的人。執行八卦鄰居測試（Nosy Neighbor Test），了解待在家裡的居民，特別是一、二樓的居民，可否輕鬆忽視該空間正在進行的活動。公共空間若能通過上述所有測試，很可能就是最安全的空間。

22

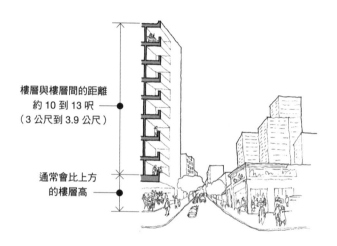

樓層與樓層間的距離
約 10 到 13 呎
（3 公尺到 3.9 公尺）

通常會比上方
的樓層高

At the 4th floor, we tend to lose identity with the street.

在四樓，我們往往會失去對街道的認同。

在一棟建物的二樓，我們通常可以聽到下方人行道上的民眾聲音，可辨識他們的長相，和他們簡短交談。在三樓，要跟街道上的民眾互動就困難許多。到了四樓，我們往往會把注意力轉向更整體性的鄰里或地區。我們越往上升，與我們相關的涵構就會變成都市天際線、自然地景、地平線和天空。

23

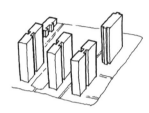 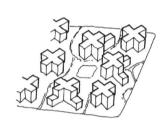

| 凡戴克 | | 布朗斯維爾 |
| (13棟)14 層樓；(9棟)3 層樓 | | 6 層樓加 3 層翼樓 |

16.6%	建蔽率	23%
288／畝	人口密度	287／畝
94.4%	少數族群	97.4%
$4,997	平均收入	$5,056
185	每千人犯罪數	147

改編自奧斯卡・紐曼（Oscar Newman）《防衛空間》（*Defensible Space*）

Same densities, different outcomes.

相同密度，不同結果。

1972 年，建築師奧斯卡·紐曼（Oscar Newman）比較了紐約凡戴克（Van Dyke）和布朗斯維爾（Brownsville）住宅計畫的犯罪情形。這兩個住宅計畫隔街對望，有相同的密度和類似的人口分布。但布朗斯維爾的犯罪率低很多。紐曼將原因歸咎於凡戴克的高樓層建築。

紐曼認為，布朗斯維爾的低樓層設計促進了健康的領土主義（territorialism）：居民保護公共區域，將它當成自家住宅的延伸。他在其他計畫中倡導，要設計一些特色，幫助居民擴張自己的「責任感區」（zone of felt responsibility）。比方，將窗戶和入口設計成可讓居民若無其事地觀察街上的往來動靜。在大型開發案裡，可將住宅單位排列成一小群一小群，促進共同空間的熟悉感和相互監督。

防衛空間理論（defensible space theory）持續對都市設計產生影響，雖然它的某些面向也受到爭議。紐曼後來承認，他忽略了這兩個開發案在人口分布上的一些差異，並對租屋政策和福利依賴性賦予更多價值。

24

社區 Gemeinschaft　　　　　　　社會 Gesellschaft
（社區／地方性）　　　　　　　（社會／都會性）

社會結構建立在熟悉感與不言自　　社會結構建立在理性協議與明白
明的信任關係上，類似傳統小鎮　　陳述的權利義務上

A city is for the familiar and the strange.

城市屬於熟人和陌生人。

在城市的**地方性**（parochial）空間裡，熟悉的關係占上風。你認同某個鄰里，當中與在地相關的事物最為重要，共同利益由熟悉之人彼此分享。

城市也必須提供一些場所，讓市民與陌生人相遇共處。**都會性**（cosmopolitan）空間比較普世也比較多樣。你可以在那類空間裡隱姓埋名，與天南地北的迥異之人接觸。

25

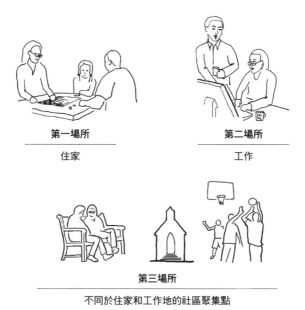

第一場所　　　　　　　　第二場所

住家　　　　　　　　　　工作

第三場所

不同於住家和工作地的社區聚集點

引自雷·歐登伯格（Ray Oldenburg）*《絕好場所》（The Great Good Place）

* 編註：雷·歐登伯格（1932-），美國社會學家，其所提出的「第三場所」（third place）概念，指的是除了住家與工作場所之外，人們投注最多時間與心力參與的社會空間。

Ordinary life isn't boring.

日常生活不無聊。

最真實的都市文化不存在於特殊事件，而存在於街頭生活——活動的嗡嗡聲讓沒有異常事件上演的街道和區域充滿生氣。

街頭生活無法以線性方式創造；並不是努力創造就能產生街頭生活。它是隨著日常活動成長的次發性現象。都市居民以行人身分所從事的主要活動，是送小孩去上學，去搭車，去工作，購物，上圖書館等。這類基礎活動可能會促使其他人在該區尋找純粹的樂趣。在這個意義上，街頭生活並非街頭生活；它是有閒情逸致的人所觀察到的日常生活。

當你負責打造某項都市專案時，請擁抱日常。設計一些場所容納和讚揚日常生活。以事件為基礎的文化只能收割一次。以日常為基礎的文化日日都有回報。

26

If you're designing a park next to a soup kitchen, it better be for the people using the soup kitchen.

如果要在賑發食物的慈善廚房旁設計一座公園，最好把慈善廚房的使用者也考慮進去。

公共空間屬於所有人。仔細想想，有哪些人可能被你潛意識地排除在設計空間之外。提高警覺，不要設計一些可用來宣揚不當社會意圖的線索：例如，讓一棟新建物坐落在鄰里建物所形成的街牆縮退幾呎的地方，這可能暗示，該棟建物的主人與租戶鶴立雞群，高人一等。一座廣場在靠近時髦飯店那頭設了座椅，但在靠近公車站那邊卻沒設置，這可能會讓人覺得，經濟階級較低層的人不配有椅子。公園規劃的活動過於偏向某一階級、種族或年齡層，可能會將其他族群排除在外，即便無意宣傳該類政策。

27

一棟四十層樓的建物	四十棟四層樓建物
600,000平方呎	600,000平方呎
一位外地所有人	許多在地所有人
一位外地「明星建築師」	許多在地建築師
建築單體	建築多樣
大型外地承包商	許多在地承包商
法人租戶	小型自營家庭租戶
由一家大型公司維護	由許多小公司維護
支持區域和全球文化	支持在地文化
大多數利潤會離開當地	大多數利潤留在當地
支撐1%	支撐99%

What is the desired social order?

何謂人們想要的社會秩序？

社會秩序是由社會、經濟、文化和政府的實踐與行為交織而成的系統。它同時以顯性（例如，憲政標準和正式的經濟政策）和隱性（例如，公共團體與個人的潛意識、或其所默認的假設與慣例）的形式存在。社會秩序往往會在場所裡持續好幾十年或好幾百年。可透過演化或革命產生改變。營造環境必然會體現並促進某種社會秩序──無論是現行的秩序或潛在的新秩序。

28

"Cities have the capability of providing something for everybody, only because, and only when, they are created by everybody."

——JANE JACOBS

「城市有能力為每個人提供某樣東西，唯有因為、也唯有當城市是由每個人所創造時。」

——珍・雅各* 《偉大城市的誕生與衰亡：美國都市街道生活的啟發》
（ *The Death and Life of Great American Cities* ）

* 編註：珍・雅各（1916–2006），美國都市規劃界傳奇人物，其 1961 年的著作《偉大城市的誕生與衰亡》被視為是二十世紀的都市規劃經典。她同時也是位激進的城市改革鬥士，曾為對抗政府不當的都市開發計畫而兩度被捕入獄。

29

  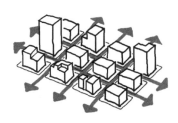

不同尺度的都市多孔性

Porosity = possibility

多孔性＝可能性

以多孔性建物為正面的空間，就算建築馬馬虎虎，也會給人充滿魅力與希望的感覺。當建物有大量的立面開口和一個公私過渡區，讓建物內部的生活與事件可以漫溢到公領域，就能促進多孔性。這個區塊的活化可吸引我們的關注，並表明建物裡的居民對公領域和我們這些路人深感興趣。

如果一條街道無法將牆後的世界呈現出來，我們可能會避開它。因為我們會解讀成，該條街道的公私生活不存在可穿越的空間，扎根在裡頭的人對我們並沒興趣，甚至心存懷疑。

Random hypothesis: more glass isn't more open.

隨機假設：玻璃越多未必越開放。

窗戶是用來穿越公私領域。無論我們是從外面往內看或由裡面向外望，我們看到的陌生人們與活動，都會讓我們心生好奇，在理想的情況下，還能容忍陌生與未知。

全部以玻璃為覆面的建物，看起來是將這種穿越性極大化。但在真實經驗裡，全玻璃的建物反而容易增加我們的隔離感。當玻璃展現了它在連接內外方面的最大能力之後，我們的比較框架隨即跟著改變，我們不再拿玻璃與實牆做比較，而會改拿玻璃和完全沒有玻璃做比較。我們逐漸察覺到，玻璃並非真的可穿越。玻璃不允許直接接觸，它禁止我們和某人講話、碰觸展示品或嗅聞另一邊的食物。傳統牆面所暗示的經驗和情感，也就是隱藏、模稜、期待、揭露和獎賞，都被拿走了。玻璃牆並未讓我們感覺更連結，反而帶給我們被剝奪感。。

We're lazy…unless there's a reward.

我們很懶……除非有獎賞。

人們通常會尋求最簡單的路徑通往目的地，而這往往意味著最短的那條路。如果要我們額外多費力氣，例如走很長的路或上下階梯，我們需要獎賞。都市設計者的工作，常常就是要誘使人們付出額外的力氣，豐富個人的體驗，並促進社會與經濟的互動。

32

用遮陽棚或屋頂懸在遮光玻璃上，有利於行人看見內部陳設

大塊玻璃區

商品推車鼓勵瀏覽，傳達信任

行人經過挑簷下方可對商店進行部分體驗

立面縮退加大戶外展示區

陳列特殊品項的獨立陳列櫃

中城學術書店（Midtown Scholar Bookstore），哈里斯堡（Harrisburg），賓州

If we can't discern what's in store for us, we won't bother.

**如果我們察覺不到裡面有東西在等我們，
我們就不會費事走進去。**

在我們進入一棟建物之前，我們會或隱或顯地考慮一個簡單的問題：它有向我們呈現足夠的資訊，讓我們覺得可以舒服自在地走進去，或能激起我們的興趣走進去嗎？接著可能會忖度：如果是賣店，貨品會太廉價或太昂貴嗎？走進去會有什麼驚喜嗎？誰在裡頭？他們對我們有何期待？如果只是進去轉一圈就離開，會造成對方或我們的尷尬嗎？

如果我們提不出滿意的答案，我們會以安全不犯錯為考量。繼續往前走。

33

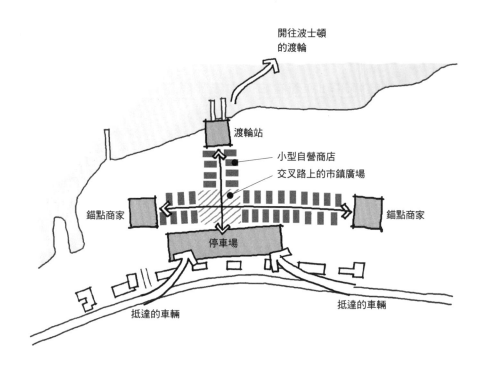

開往波士頓
的渡輪

渡輪站

小型自營商店

交叉路上的市鎮廣場

錨點商家

錨點商家

停車場

抵達的車輛

抵達的車輛

錨點圖解，興亨船塢村（Hingham Shipyard Village）提案

Activate, activate, activate.

激活，激活，激活。

要讓郊區購物中心活躍起來，可以在中心的每一端擺設一些錨點（anchor）——大型百貨公司。錨點天生就能吸引大量購物者，其中許多人會逛到另一個錨點。在這過程中，他們不僅讓購物中心的公共空間充滿活力，還可能光顧沿途的小店家。

錨點可用來激活許多都市空間。例如，如果把辦公大樓和停車場擺在同一個基地上，就只會產生單個活動場所。但如果讓它們相隔一或兩個街廓，那麼每個上班日至少會有兩次徒步活動在兩者之間登場。這將帶動對乾洗店、咖啡館、餐廳、藥房和銀行的需求，造福主要計畫之外的大樓、商業和民眾。

幾乎任何兩個大型、相關的用途型態，都可當成錨點加以運用：一個住宅計畫和超市，一棟旅館和購物區，一個活動場館和轉運站。不過，錨點之間的萬有引力有其限制。如果讓它們相隔太遠，就無法有效激活兩者之間的空間。

34

用途：零售／餐廳　　　　　　　　　　　　活動

Identify activities as well as uses.

界定用途和活動。

用途是一個場址、建物或地區的整體目的。用途是根據區劃和建築法規來表示：工業、教育、零售、住宅、機構和其他。活動則是和用途相關的大量且具體的事件和行為。將活動界定清楚，你就能在專案裡將真實生活中的細微事物安置得更加妥當，有助於激活專案，確保成功。

35

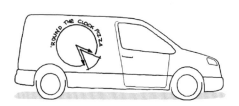

Make parking lots very big or very small.

讓停車場很大或很小。

當可以容納八個、十個或十二個停車位的中型停車場在某個區域裡四散分布，將會形成充斥各地的開放空間，破壞步行性，並刺激更多人使用機動車輛。若是把單座室內或室外的大型停車場設置在步行密集區的周邊，一方面可容納幾十甚至幾百輛汽車，同時可讓大多數或所有的都市景觀保持完整。

同理，可容納一或兩輛汽車的小塊鋪面，通常可以塞進都市景觀中自然會形成的畸零地，不致造成破壞。但私人住宅的車道例外，因為它有時會出現在排屋前方。每個路緣坡都會從街道移除掉將近一整個停車位，而剩下的路緣空間，往往連一輛汽車平行停放都不夠。停車空間的淨值將因此減少。

36

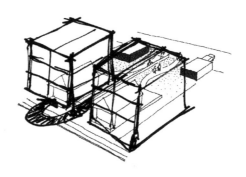

當停車場設置在建物後方時，要同時提供街牆豁口，以及使用街道的其他誘因。
要將多層建物的入口設置在正面。

The front moves to where the cars are.

將建物的正面移到汽車停放處。

停車場通常設在都市建物的後方,目的是要維持街道的行人友善度。但結果可能適得其反。例如,當連棟透天厝蓋在一條繁忙的街道上時,通常會讓基地緊靠著人行道,並在後方提供共用的停車場。然而,如果居民固定從後方進入住宅,背面就會變成實際上的正面。面對街道的前門反而會變成後門。如此一來,街道非但沒有比較友善,還會失去活力。

當你把商業建物的停車場設在後方時,一樓店家會覺得有壓力,得要同時提供前門和後門兩個入口。這會對小店主造成困擾,他們通常沒有能力同時監控店鋪的前後兩端。有些店家會乾脆把臨街的前門鎖上,只打開進出頻繁的後門。

37

	路面上車			月台上車

站牌（類似巴士站牌）	站牌或車站	車站
0.2 到 0.8 公里	站距	0.8 公里以上
較慢	速度	較快
一或兩節車廂	長度	通常有多節車廂
市內／在地	一般服務區域	市內／區域
線性／連續	發展模式	大城或節點
可	可與汽車相容	否

Passenger boarding drives the transit system.

由乘客上車方式所驅動的運輸系統。

路面上車的運輸系統（路面電車和常見的輕軌〔light-rail transit，LRT〕）允許乘客從人行道或街道上車。步調悠閒，每隔一兩個街廓就有站牌。雖然可採行專用路權（right-of-way，ROW），但軌道往往會和汽車與巴士占用同樣的路權，為街道添上一種獨特甚至浪漫的性格。路面上車的運輸系統往往和連續密集的線性發展有關，例如主要的混用型大道。

月台上車的運輸系統（通勤火車和一些輕軌）需要乘客從與列車地板等高的車站月台上車。路權與汽車和行人分開，可以用更遠的站距快速行駛。下潛（地下鐵）和高架（例如芝加哥的「L」線）的路權往往和大城市有關。地面路權必須和機動車輛分開，且通常與斷續／節點型的發展模式有關。

38

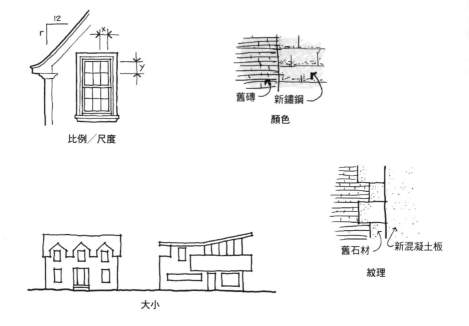

比例／尺度

舊磚　新鏽鋼

顏色

舊石材　新混凝土板

紋理

大小

在歷史涵構裡，關注的焦點是基本的物理特質，而非風格樣式。

Emulation beats imitation.

仿效勝過仿造。

仿造是複製表面的物理特質。**仿效**則是從中汲取深層的靈感。設計師可以仿效另一位設計師，再生產出跟那位設計師截然不同的作品。

39

"You don't want to look like your heroes, you want to see like your heroes."

——AUSTIN KLEON

「你不是想看起來像你的英雄，而是想要像你的英雄那樣看。」

——奧斯汀・克隆*《點子都是偷來的：10 個沒人告訴過你的創意撇步》
（*Steal Like an Artist: 10 Things Nobody Told You About Being Creative*）

* 編註：奧斯汀・克隆（1983–），美國畫家暨作家，關注當今世界的創意模式。曾受邀到各大企業及論壇演講，如 Pixar、google、TEDx、《經濟學人》人類潛能高峰會、SXSW 等。

40

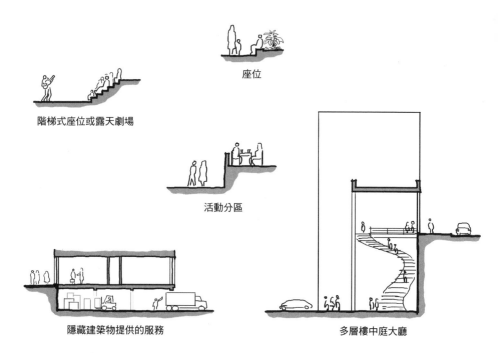

階梯式座位或露天劇場

座位

活動分區

隱藏建築物提供的服務

多層樓中庭大廳

The site isn't flat.

基地不是平的。

看似平坦的基地往往都有幾呎的高低差。處理坡度變化或許煩人，但如果能欣然接受，它們也能幫助你整合有趣的在地特色，甚至以此為核心概念組織一整個基地。1.5 呎（45 公分）的坡度差，可讓你有機會設計一道擋土牆或座位。3 或 4 呎（90 或 120 公分）的坡度變化，可用來鄰接性質迥異的活動。10 呎（300 公分）以上的差距，或許可設計一個從不同樓層進入的雙層挑高室內空間，或是利用它來隱藏建築物所提供的服務。最起碼，要利用基地的自然坡度來管裡雨水徑流。

41

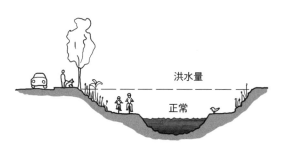

Make the flood zone useful.

善用洪泛區。

雖然都市主義似乎會遮掩自然，但我們始終是在自然中做設計──即便是設計無生命的硬景觀（hardscape）。自然過程提供一種嵌入式情境，讓設計者做出回應，一如交通系統、行人步道、建築環境和其他「硬」元素。如果你能以同理心回應，人為和自然就不會是兩座孤島，而是一個整全系統。

42

第一次世界大戰國家紀念館（National WWI Memorial），堪薩斯市，密蘇里州

Elevate to honor. Lower to humble

架高榮耀。降低謙卑

將空間或建物架高，意味著重要、特殊或象徵勝利，在某些情況下，還能投射出超然性。讓空間或建物降低，可顯得親密、安靜或謙卑，在某些脈絡裡，可帶有順服或戰敗的暗示。

一、兩吋的升降可能造成天差地別的不同，更好或更壞。在廣場上設計幾個低於人行道的階梯，可能創造意料之外的寧靜。但如果附近的車輛交通繁忙，與視線平高的擋泥板和車燈，可能會讓居民感到崩潰。高架公園可提供令人欣喜的放鬆舒緩，暫離都市的擁塞。但如果民眾無法從下方看到公園，或懷疑值不值得費力爬上去，使用者就會減少許多。基於這個原因，以常規使用為目的的高架空間，通常在大城市的行人密集區效果最好，因為願意爬樓梯的民眾會帶來足夠的公園使用者。

43

Every side can't be a front.

並非每一邊都可當正面。

正面是美觀的、合宜的，通常會得到仔細維護。背面則可能醜陋、陰暗、難聞，甚至可怕。為什麼不設計一個地區讓所有建物都只有正面呢？為什麼不把裝卸處、垃圾箱和其他服務放在室內空間，只需一扇門就能穿越這些討人厭的東西？

在現實生活中，這幾乎不可行。室內空間太有價值，尤其是在熱門搶手區，不可能浪費在沒有經濟或美感貢獻的用途上。此外，前後有別對公領域的使用者也有好處，可幫助他們在私人與公共、正式與非正式、典禮與日常之間做出區隔。背面儘管有些令人反感的特質，但也總是很有趣。

建物的正面應該對著其他正面。如果在某個設計案裡，讓正面對著背面，將會導致公私經驗產生混淆。會出現這種情況，通常是因為忽略了街廓、街道和地皮的基本格局與尺寸。十字路口附近常會見到「正面對側面」的關係，這種現象多半無法避免，可以接受。

空間樹

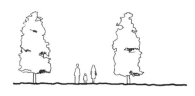

標的樹

Some trees are more urban than others.

有些樹木比其他樹木更都會。

凹弧形和拱形的樹木可以優雅地界定出公共空間，例如美洲榆。比較球形的樹木無法將空間界定好，特別是小樹的時候，例如糖楓和白臘樹。

樹木的擺放會進一步影響我們將樹木視為標的物或空間塑形者。當樹木分散在前院時，會變成美麗但超然的標的物，幾乎不具備塑造公共空間的功能。把同樣的樹木沿著路緣種植，則可將汽車與行人空間優雅地區隔開來。。

45

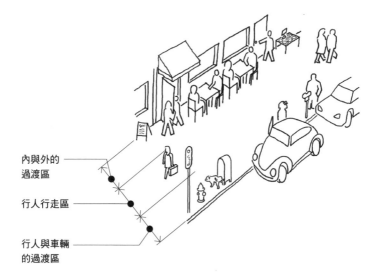

內與外的
過渡區

行人行走區

行人與車輛
的過渡區

人行道區劃

You need more space and less space than you think.

你需要的空間比你以為的更多或更少。

在室內感覺寬敞的房間、樓梯或其他空間和元素，放到戶外通常會感覺擁擠或太小。在室內，我們的參照點比較個人和局部；我們的身體、家具、一個普通的房間。在戶外，我們的參照點比較大型和公共：樹木、街道、建物、街廓、廣場和天空。

一旦適應了戶外空間的尺度，可能就得做出相反的調整：我們在都市場景裡通常只需比預期來得少的空間。都市空間所容納的活動往往比類似大小的郊區空間來得多，因為都市居民已經習慣了靠近和熱鬧，也珍視這種特質。

46

大小
客觀度量

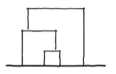

尺度
某一實體相對於其他
實體的大小

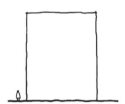

以人為尺度
某一實體相對於人體的
大小,特別可用來滋養
心理舒適感

比例
某一實體或系統內部
的尺寸比較,例如,
寬高比

大小很重要

我們對空間的享受程度，受到許多質性因素的影響，這讓我們很容易忽略客觀度量的重要性。

設計街道、廣場或其他空間時，請親自造訪類似的空間。試著去猜測或以直覺感受它們的尺寸。然後測量一下，看看跟你的預期相差多少。你很可能會發現，尺寸類似的空間，卻給人大小差很多的感覺，主要取決於它們是否有明確的邊界，使用的密集度，軟硬表面的比例，附近建物的高度，附近其他空間的大小和性質，甚至它們所在城鎮的整體大小和人口。

47

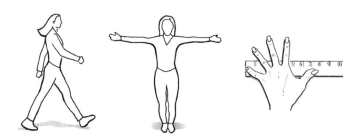

Measure yourself.

用自己當量尺。

度量並牢記你的平均步幅、臂距和掌寬，這樣就能在田調時快速測量各種環境的大小。也要把建築常見元素的大小銘記在心，例如磚塊（8 吋〔20.3 公分〕寬，三道磚連同砂漿的高度也幾乎總是 8 吋）、混凝土塊（16 x 8 吋〔40.6 x 20.3 公分〕），以及商用門（通常是 3 呎〔91.4 公分〕寬 x 7 呎〔213.3 公分〕高）。建立一些有系統的方法來測量大面積，例如測量並計算人行道的單位尺寸，以此估算街廓的長度。

靈感來自辛辛那提自然中心（Cincinnati Nature Center）

Simple, not simplistic.

簡單，不簡化。

簡單的解決方案直接、優雅、恰如所需。它會提煉出問題的本質，並包容它的獨特性。簡化的解決方案看起來類似簡單的解決方案，但卻是建立在誤導的基礎之上：簡單的解決方案對問題有高度的了解和掌握，簡化的解決方案則缺乏對問題本質的細微洞察。簡化的解決方案很容易想到；簡單的解決方案很難企及。

49

椋鳥群舞

Complex, not complicated.

複合, 不複雜。

複合系統讓我們與多層次的經驗與知識接合。它的層次和琢面讓整體更形豐富、強化與多樣。

複雜系統是將沒有關聯的事物並置在一起,或缺乏有意義的對話。複雜的設計解決方案往往是源自於太過線性的過程──設計者在過程中只是一味增加解決方案的解決方案的解決方案,沒有回過頭去思考更整體、更全面的做法。

50

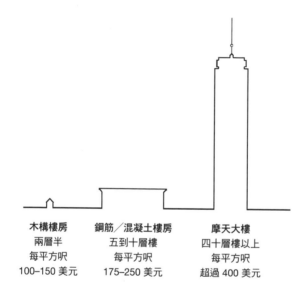

木構樓房　　　　鋼筋／混凝土樓房　　　摩天大樓
兩層半　　　　　　五到十層樓　　　　　四十層樓以上
每平方呎　　　　　每平方呎　　　　　　每平方呎
100–150 美元　　　175–250 美元　　　　超過 400 美元

美國營造成本的約略平均值，2017

Building taller is more efficient . . . up to a point.

蓋得越高效率越高……在一定的高度內。

同一種營造類型的建物，其成本通常會隨著高度遞減。例如，三層樓的木構架建物，在其他條件不變的情況下，每平方呎的造價會低於兩層樓的同類建物。鋼筋混凝土建物也是越高越便宜，但只限於某個高度。當建物超過三十層樓，每平方呎的造價就會增加。原因很多，包括營建基地的後勤需求；地基、上層結構、出口、電梯、消防和機械裝置都需要更精密的系統；地下停車場；以及解決環境、社會、交通、經濟和法律等顧慮的前期費用。

營造成本越高，意味著完工空間的租金也越高。租金上漲也跟高層建築樓平面固有的低效能有關，高層建物需要撥出更高比例的面積來容納樓梯、走廊、電梯和機械服務。高層建物的土地效能高，但樓平面效能低。

51

Avoid a void.

避免空洞。

如果街道通往一個空蕩或令人困惑的景致，可能會減弱街道的體驗感。

筆直街道：用主要建物、鐘樓、水塔或其他高層元素做為視覺走廊的終點。

蜿蜒街道：巧妙的蜿蜒可遮擋住不討喜的景致，並激發好奇心想一窺究竟。中途要提供一些獎勵，維持冒險向前者的興趣。

樹木：沿著兩側路緣以固定間距種植樹木，會讓樹木看起來在遠方形成一道連拱，遮擋住後方的景致。

較地方性　　　　　　　　　　　　　　　　　　　　　較都會性

Give the neighborhood a character.

為鄰里賦予特色。

木構架鄰里（wood-frame neighborhood）：兩到三層樓的房子，每棟各有一到三個住宅單位和一塊小院子。人口結構橫跨各種收入等級，家庭和單身成人都包含在內。商業活動通常被下放到角落或商業區。

主街鄰里（main street neighborhood）：典型的小鎮商業區，二到五層樓的房子，用途殊異，辦公室與住宅公寓通常位於上方樓層。

公寓街廓鄰里（apartment-block neighborhood）：中等高度（地上加地下共三到八層樓）的石造或鋼骨房子。一樓多半是商用。人口結構橫跨各種收入等級，家庭和單身成人都包含在內。

都市邊緣鄰里（urban edge neighborhood）：位於邊緣／過渡地區，房子的用途、大小、性格各異。人口結構的範圍很廣，從窮人、城市邊緣人到前衛的專業人士。

連棟透天厝鄰里（town house neighborhood）：典型的排屋，通常三到四層樓，磚造或石造。人口結構橫跨各種收入等級，家庭和單身成人都包含在內。商業活動通常被下放到角落或附近商業區。

市中心鄰里（downtown neighborhood）：市中心區，通常有許多高層建物。房子和商行的所有人往往是公司法人。一樓零售業主要是服務週間工作者和週末遊客。

53

通道 path
清楚可辨的步道或街道

邊界 edge
地帶或功能之間的分界線

地標 landmark
容易辨識的標誌元素，
大小不拘

區域 district
擁有獨具特色的一個區塊

節點 node
集散點

都市心智圖五元素，參考凱文・林區（Kevin Lynch）
《城市的意象》（*The Image of the City*）

找路

當我們穿越某個地區、小鎮或城市時，會自然而然想要了解它的組織格局，以及我們置身何處。在你提議的街道和空間中，要標示找路元素，讓使用者的每一步都能走在正確的方向上。你是否給予該地區一個清楚的識別，讓民眾可以用直覺判斷自己是在該區之內或之外？民眾能否看到不同尺度的熟悉地標，每隔一段距離與時程就可重新確認？你有打造一些好記的節點，讓行人有把握循著原路走回去嗎？

54

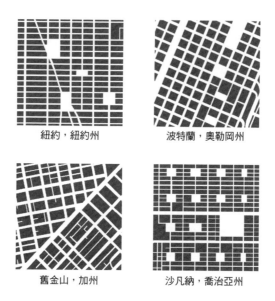

紐約，紐約州

波特蘭，奧勒岡州

舊金山，加州

沙凡納，喬治亞州

未按比例繪製的平面圖

Order craves variety.

秩序渴望變化。

九十度的網格街道可為建築地塊提供有用的形狀，也很容易導航。如果街道以系統化方式命名，當你從第二街走到第三街時，就會知道第四街或第十五街該往哪個方向走。

然而，網格的重複性也可能產生自家特有的迷路。每條街道和十字路口感覺都一模一樣。如果兩個方向的街廓都有同樣的尺寸或特色，民眾的方向感可能會受到挑戰。

在網格裡設計一些恰到好處的偏差，可以減輕乏味，方便找路，並形成一些獨特的基地，提供給公共空間或令人興奮的建築物。然而，偏差也不能過多，如果主要秩序不見了，就沒有什麼基地能顯得與眾不同。

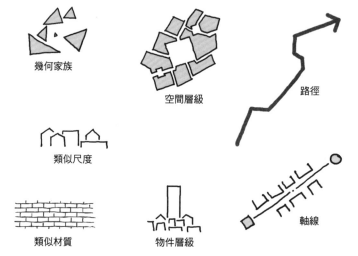

幾何家族

空間層級

路徑

類似尺度

類似材質

物件層級

軸線

What's the unifier?

統合元素是什麼？

專案需要一個可識別的形狀或組織者，將各部分統合起來。但不要把目標只設定在統合一個專案；要把專案與其他都市景觀做統合。

56

How will it meet the ground?

如何接地？

站在人行道上時，我們很少會察覺到建物的整體形狀，尤其當建物很大很高，或緊貼在我們旁邊。我們的直接感知通常局限於一樓，周邊感知頂多向上延伸一到兩層。因此，一棟在天際線上不起眼的建物，可能是一棟很容易親近的超棒建物，而在天際線上卓越不凡的建物，也有可能給人很差的直接體驗。

57

願景的　　特殊的／市政的　　非傳統的　　傳統的　　效能的

How will it meet the sky?

如何頂天？

建物的整體形式可以傳達它的用途、宣傳屋主或租戶的價值，或是暗示市政願景。設計建物似乎是建築師的工作，但你應該針對建物的敏感性提出建議，特別是一些高聳、獨立或醒目的建物。

58

公共距離，12 到 25 呎（3.6 到 7.6 公尺）

不預期互動、交談，就算有，多半也是視覺性的而非交談

社交距離，4 到 12 呎
（1.2 到 3.6 公尺）

不做身體接觸，但眼神接觸
可開啟互動和對話的可能性

個人距離，1.5 到 4 呎
（0.45 到 1.2 公尺）

舒適的談話距離；伸手
可碰到對方

親密距離，小於 1.5 呎
（小於 0.45 公尺）

高度感官性；緊貼而坐，
擁抱，握手，或碰觸

人際距離學（proxemics），根據愛德華・霍爾（Edward T. Hall）*的研究繪製

* 編註：愛德華・霍爾（1914–2009），美國人類學家，也是跨文化傳播學之父，他因提出探索文
化與社會凝聚力的「人際距離學」而聞名。

See and be seen; watch but don't be watched.

看與被看；注視但不被注視。

看人幾乎是人人都愛的公共活動。不過，大多數人都不想緊盯著別人看，也會想要控制自己被人注視或關注的程度。有很多方式可滿足這類偏好，包括：

用多重活動創造多種空間。嗡嗡嗡的活動聲響可避免某人被緊盯，特別是在進行某項獨特活動時。

提供護欄、角落、縫隙、柱子、隔屏、高低差和其他銜接設置，讓民眾能有一邊受到保護，或可在視線中進出。這可避免讓民眾感覺自己處於密切監控之下。

加寬通道，讓陌生人可以自在錯身。如果通道很寬，可以用植栽、長椅、高低差和不同的鋪面劃分區塊。

讓公眾空間的長椅夠長，或間隔擺放，讓陌生人可以坐在彼此附近，又不必為該不該和對方講話困擾。在擁擠的場所，可以把座椅朝不同方向擺設，或可自行移動，讓民眾用身體的位置傳達社交意圖。

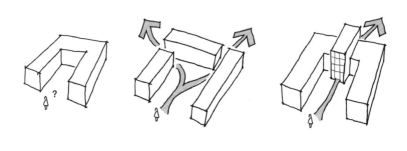

As we enter, we look for the exit.

我們一進入，就會找出口。

公共空間如果無法讓人在進入時清楚看到對面的出口，會讓許多人打退堂鼓，不想進去使用，即便他們本來就不打算穿越該空間。死路會在潛意識裡激起我們的防禦本能：如果有人從後面追我們，我們將無路可逃。沒有轉接功能的街道、巷弄、公共大廳或室內廊道，跟有穿廊過道相比起來，通常人潮較稀，有趣的事物較少，也比較缺乏活力。真實環境中的死路，也就是經驗的死路、社會的死路、文化的死路和經濟的死路。

60

If the edges fail, the space fails.

邊緣搞砸，空間也會搞砸。

公共空間比較開放的中央部分，通常會等到邊緣都被占滿之後才被占據。因為生物有求生本能，我們比較喜歡待在邊緣，比較喜歡保護我們的背部不受威脅。邊緣還提供可以站、靠、坐的地方，也可參與各種感官刺激——視覺、聽覺、嗅覺和觸覺。

61

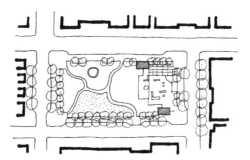

Keep the center available.

讓中央可供使用。

在公共空間中央擺置雕像、噴泉或其他焦點元素，意味著使用該空間的目的是觀察紀念物而非參與公共生活。雖然這種做法有時很適切，但最好的做法還是將焦點放在偏離中央的位置。這樣可讓民眾待在中央，避免讓空間出現靜態感。這種做法可將空間分割成大小不等、形狀不一的次空間，讓不同民眾在同一時間基於不同目的使用該空間。此外，偏離中心的設計也可引導行人移動，將動線區與聚集區分隔開來，並確認與附近建築的關係。

62

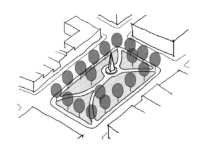
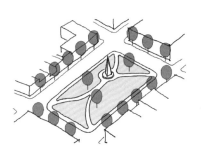

Plant the park trees outside the park.

將公園樹木種在公園外面。

將樹木種在公園邊緣，會讓公園看起來與世隔絕。附近街道和人行道上的民眾，會覺得那座公園是他們可以觀看的對象，而非可以棲息體驗的空間。如果樹種得特別密集，民眾還可能心生排斥。

若把同樣的樹木種在公園對街那側，則可擴大公園的體驗區。利用街道和人行道從事日常活動的民眾，也可以順便使用公園——無須撥出額外時間。

你要嘛在公園裡，要嘛
不在公園裡。

你可以選擇以何種程度
使用公園。

Entice a few feet at a time.

一次勾引一點。

要求人們做出二擇一的決定時，人們通常會消極以對。如果你希望民眾使用某個空間或踏上某條步道，最好的做法就是讓他們有機會以漸進模式做出決定。先讓民眾很容易來到周邊。然後擺出一連串誘因，吸引民眾漸進到下一階段。這種做法不僅較容易讓空間被使用，這些「中介元素」也可以發揮廣告功能，吸引更多人進入。

64

在混合用途的街道上，至多相隔 7.6 公尺就該提供一扇大門歡迎民眾進入，
住宅區的街道至多相隔 15.2 公尺。

Design for 3 mph.

為每小時 4.8 公里的速度做設計。

一般行人每秒可行走的距離約 1.33 公尺。一座營造環境如果想要持續吸引我們的注意力，就必須密集提供我們刺激和獎賞。在比較古老的城市裡，幾乎每踏出一步都可看到新的景致──吸睛窗戶、迷人陽台、遠方的尖頂和呼拜塔（minaret）。在你的設計案裡，你有為行人提供類似的獎賞嗎？你是否提供了近距、中距和遠距的有趣景點娛樂行人，同時協助他們找路？

65

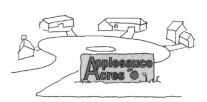

一個棲居場所，
但沒有轉接交通

一條交通路線，
但非逗留場所

Separating pedestrians from vehicles is risky.

人車分離有風險。

好街道由兩點構成:一個棲遊場所和一條交通路線。這些目的彼此交織:你可能在開車路過時偶然發現一條有趣的街道,之後回去玩耍閒晃,享受它提供的各種服務。而其中的樂趣之一,就是觀看人車往來。

保持平衡是關鍵所在。把車輛移動列為第一優先的街道,可能無法好好款待行人。如果一條街道為了優化行人體驗而將車輛完全排除,但又無法用密集的人流來彌補車流,在經濟上可能行不通,也會變得無聊甚至危險。這類情況在美國很罕見,行人專屬的街道在美國不到八十條。其中有些正準備恢復車輛行駛。

66

之前：地上停車場

之後：公園加上六層樓的地下停車場

郵政廣場（Post Office Square），波士頓
開發商：諾曼・萊文塔爾（Norman Leventhal）

Good design is more likely to happen if someone can make money from it.

可以讓人賺錢的好設計比較有可能實現。

城市可能會要求私人開發商縮減某個建物計畫的規模，或是在該棟建物與公共廣場鄰接之處增加一樓的商業用途。這類要求會讓開發商增加成本：可出租的面積減少，可能需要不同的財務結構來支撐混合性用途，也可能增加一樓的營建、行政和維護費用。

但與此同時，公共廣場能為一樓的生意帶來客戶。鄰近便利的飲食娛樂項目，也可能成為誘因，吸引二樓以上的潛在租戶。開發商或許可因此收取比原先提案更高的租金。如果私營部門的地價上漲，城市就可用更高的稅收來彌補該項計畫支出的成本。

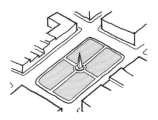 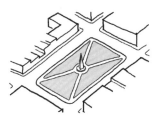 

十字交叉的步道讓行人很難進
出位於街廓中央的公園。

對角線交叉的步道可將公園動
線與街道路口連接起來，讓行
人自然進入公園。

略略蜿蜒的步道可提供趣味
和多樣性，但不會太影響行
走時間。

位於正交街道網格裡的公園

A park is a wide spot on a path.

公園是通路上的小村落。

如果公園的步道能夠延續周遭地區行人移動的一般模式，效果會最好。這種設計可
讓行人在前往其他地方的路上順道穿越公園。這種即興的使用，可為公園提供基本
的活動性，讓其他人覺得公園更安全也更有趣，包括專門去公園活動的人。

If it's 18" high, people will sit on it.

如果有 46 公分高，民眾就可坐在上頭。

大多數人可以舒服坐著的高度，介於 38 到 51 公分之間。盡可能讓花壇、擋土牆、柱基、窗台和繫纜柱頂部的水平表面介於這個高度範圍。

69

階梯和斜坡道，羅伯森廣場（Robson Square），溫哥華，英屬哥倫比亞省
建築師：亞瑟・艾瑞克森（Arthur Erickson）

Integrate rather than append.

要融合不要附加。

行動不便者也想加入大多數人，參與相同的體驗，但如果為了他們進行一些調整而使空間受到破壞，又會讓他們不自在。同樣的，四肢健全的人有時也會想使用斜坡道或升降梯，但又不想感到尷尬。所以，設計公共空間時，一開始就要把這些調整融入設計過程中，不可先為四肢健全者做設計，然後再把特殊調整附加上去。為不同的族群做設計，不是累贅而是機會。

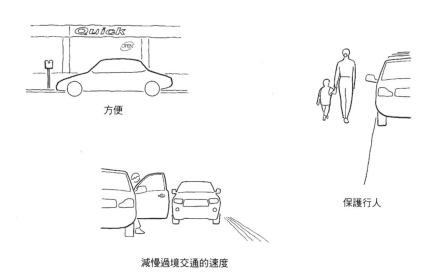

方便

保護行人

減慢過境交通的速度

路邊停車的好處

Make streets high friction.

將街道設計成高阻力。

如果駕駛在某條街道會習慣性猛踩油門，他們其實是在回應該條街道固有的空間特質。如果街道邊緣能產生阻力，駕駛人就會放慢速度。路邊停車是最棒的阻力生產器，幾乎每條街道都該把它納入。縮窄車道和雙向行駛也能讓駕駛人減速，成樹也有同樣的功能，特別是種在中央分隔島上──駕駛不僅想避免碰撞，也想多花一點時間享受街道氣氛。行人川流不息也有類似效果：駕駛一方面想提高警覺以免造成危險，一方面也想看人。減速丘、隆起的交叉路口，以及其他在地化戰術，都能有效減慢機動車輛的速度，而這些表面處理往往是為了解決道路設計上的根本缺陷。

71

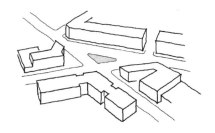 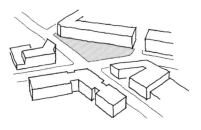

Capture the drifter.

占領漂流物。

在不規則的街道幾何相遇之處，經常會出現令人尷尬的交通孤島。這類孤島一般都太孤立又太小，無法提供行人使用。最後的結果就是空在那裡，胡亂種些東西（如果有的話），而且疏於維護。

如果讓這類孤島的其中一邊與附近的人行道連結起來，往往就能改善它們的用途。這種做法瞬間就可打造出一個類廣場空間，對交通的影響最小，但可大大提升行人的體驗感。

72

A city needs a backyard.

城市需要後院。

都市聚落需要一些地方做為砂石儲存場；火車、計程車、校車以及公共安全與公共工程車輛的維修和停放所；發電廠；垃圾回收和處理場；石油和瓦斯儲藏所；倉庫；以及工業區。這類設施通常得承擔地區責任。不能為了都更而希望它們遷離。

73

Sort by magnitude over use.

根據大小而非用途分類。

在住宅區引進非住宅性的用途，經常會招致激烈抗議。然而，儘管反對者不願承認，但反對的根源往往是跟規模有關而非用途。例如，將沃瑪百貨放在住宅區裡，很可能會惹惱所有人。但一家零售小店則可和住宅區兼容並蓄。事實上，大多數的零售、商業、機構、集會、甚至維修和輕工業用途，只要大小適宜且不會造成危害，幾乎都可以用令人滿意甚至富有魅力的方式與住宅區相結合。

74

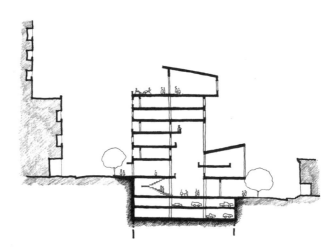

Draw the other side of the street.

畫出街道的另一邊。

你的專案區域可能結束在某個街廓或地塊的邊界。但它造成的影響以及影響它的因素，都遠遠超出專案的邊界。永遠要把你的專案呈現在涵構中，要在所有繪圖裡把街道的另一邊和／或相關的自然地景描畫出來。

75

Land your helicopter.

讓你的直升機降落。

設計師經常把大多數時間花在平面圖和鳥瞰圖上，遠多於剖面圖、立面圖或視線透視圖，這或許很難避免。不過在日常生活中，人們很少有機會從上方俯瞰。在這類繪圖裡看似很強大的空間關係，對實際居住在營造環境中的民眾而言，可能會太過震撼、不夠切身或根本看不到。

設計時，要在繪圖和模型中把自己想像進去。要在腦海中把自己放入你提議的空間裡，把自己當成使用者投入你的設計。要根據剖面圖、立面圖、透視圖和模型做出你的設計決定；不要只根據空中模式做出決定，再用上述模式將決定畫出來。

76

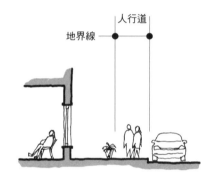

垂直過渡但沒有水平過渡　　　　　　　　水平過渡但沒有垂直過渡

1' vertical = 3' horizontal

垂直 30 公分＝水平 90 公分

設計公共道路與住宅之間的過渡區時，需要確保住民的隱私和心理舒適。在這方面，垂直過渡比水平過渡有效。坐在與人行道齊平、相距 90 公分外的房間裡，人們通常會覺得自己暴露在容易遭受攻擊的位置，因為路過的行人可能比自己高。但同樣的房間，如果換成高於人行道 90 公分但與人行道緊鄰，幾乎都可以讓人覺得更自在。

街道的公共性越強，就需要越大的過渡區。小鎮窄街上的住宅，幾乎不需要過渡。城市住宅若位於交通繁忙、混合用途的街道上，通常需要有效的過渡區——例如，最好把住宅擺在二樓以上。

77

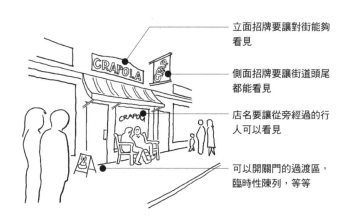

立面招牌要讓對街能夠
看見

側面招牌要讓街道頭尾
都能看見

店名要讓從旁經過的行
人可以看見

可以開關門的過渡區，
臨時性陳列，等等

Retail is fussy.

零售店很挑剔。

它希望窄邊面向人行道,要有一扇櫥窗將貨品展示給路人。它堅持要有很多人行經前門,不希望有任何障礙讓人無法輕鬆進入,例如上下樓梯。如果位於二樓或地下室,租金必須便宜,而且要有超多人流確保會有適當的數量願意費事上下樓。它希望坐落在通衢要道,可讓人們順路發現。它熱愛交叉路口,人們可以從四面八方瞧見它,走進它。它只想要一個入口,除非店很大,有能力在多個位置聘請保全。最重要的是,零售店想要靠近其他零售店。但它又嫉妒那些比它更靠近人行道的零售店。

Use the tool that fits the thinking.

利用工具協助思考。

設計過程不是一直線。這一刻你正在思索街道的格局,下一刻就變成燈柱的樣式。這些探索需要不同的媒材協助。想要弄清楚某個地區的「骨骼」,粗麥克筆加美工彩色紙最方便。如果需要測試某個粗略想法的尺寸是否可行,可以先用電腦繪圖程式做驗證,然後再回頭繼續發展構想。如果需要用更立體的方式思考,可以用工作室裡現成的東西疊疊看。

當你的想法凝聚成形之後,電腦建模程式可幫助你快速生成多個變體。不過,要確定你用的軟體是對的,因為有些軟體會在你只需做出概略決定時,要你輸入尺寸和材料。如果你發現自己陷入這類細節,請離開電腦,因為手工方法最可能激發直覺洞見。

79

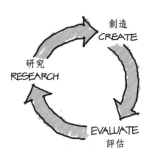

Too much information and too little information are both paralyzing.

資訊太多或太少都會癱瘓設計。

資訊太多會讓設計變困難,因為你知道,不管你提出任何構想都不可能充分回應這些資訊。資訊太少也會讓設計變困難,因為任何構想都缺乏足夠的現實依據。你需要涵構的資訊才有辦法做設計,但又得等到你開始思考某個設計概念時,你才會知道該尋找哪類資訊。接受這種困境。從某個地方開始吧。

本能
一種先天的、大體可預測
的對於刺激的行為反應

衝動
一種不假思索、突然產生的
行動衝力或欲望

直覺
一種無須經過理性思考就能
快速且全盤理解的能力

Initiate on impulse; design intuitively; justify with data.

用衝動發想；用直覺設計；用數據驗證。

設計過程經常是即興的。重要的構想可能來自於想像、一時興起的念頭、直覺，以及隨機觀察。基地 C 似乎比基地 A 或基地 B 更有莊嚴感，更適合做為法院基地。街道的這一側感覺強壯，另一側感覺細膩。就市場需求而言，某個住宅開發提案裡的臥房比例似乎是錯的，但很難說明錯在哪裡。

主觀性的觀察是靈感的重要來源，應該充分探索。但除非有可靠的研究數據支持，否則不該以它們做為重要設計決策的基礎。在你取得數據時，請小心不要讓確認偏誤（confirmation bias）作祟，這是一種心理現象，指的是人們傾向用可支持原先偏好的方式去詮釋新證據。

81

"Fools act on imagination without knowledge. Pedants act on knowledge without imagination."

——WILLIAM ARTHUR WARD

「愚人靠想像行動而無知識。學究靠知識行動而無想像。」

——威廉・亞瑟・沃德[*]

＊ 譯註：威廉・亞瑟・沃德（1921–1994），美國勵志格言作家，美言佳句經常受人引用。

82

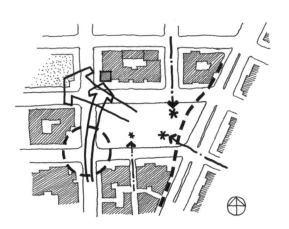

Don't just design; *respond.*

別光設計；要做出回應。

記錄和分析既有的涵構，可以框架出一些原本隱藏的條件，從中設計並尋找機會。學生們的分析要點其實大同小異。不過，每個分析要點都能激發好幾種不同的回應。以重要的軸線為例，某位設計師的回應是放置一座紀念碑；另一位是打造一個戶外空間來容納朝軸線走來的人潮；第三位設計師則是砌了一道斜牆，一方面捕捉陽光，同時將行人的目光導引到另一條新路徑。

常見的分析要點包括：

行人的活動：路徑、期望路線、聚集（密度、時間）。

視線：從基地看出去和看過來的景象，以及附近應該保留或強化的視覺走廊。

建物和營造元素：一樓和上方樓層的用途、前後關係、規模、材質、風格、建築量體，等等。

自然元素：太陽路徑、陰影、風、空氣品質、排水、地形、地底環境。

街道：品質、層級、空間特色、行人優先等級。

83

Synthesis beats compromise.

以融合打敗妥協。

在妥協裡，衝突的議題或派別被視為相互競爭且部分互斥。針對分歧進行磋商時，重點是要讓相關的每個議題或每個派別都能達到部分滿意。

尋求融合，則是想要找出一個更優越的整體結果。追求融合者相信，會有衝突是因為大家還沒找出那個未知的秩序。如果可以將秩序界定清楚，原本的難題就會被更有包容性或根本性的問題取而代之，而這個問題可以解決衝突或重構衝突。相互競爭的議題可能不再分歧，甚至可以用出乎意料的互利方式共存或結合。

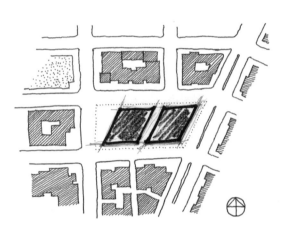

Make every decision accomplish at least two things.

讓每個決定至少達成兩項訴求。

左圖是針對一塊空地所提出的簡單方案。雖然圖中這兩棟建物的形式很簡單，但它們回應了好幾個現有的情況。基地的北、東、南三側都與人行道鄰接，尊重現有的街牆。西側採用斜角立面，一、可形成一塊硬景觀的公共廣場；二、可引導民眾走向斜對角的現有公園；三、可借用現有的鐘樓景觀，為從南側前來的行人指路；四、可讓南面的太陽照亮廣場和鐘樓；五、可和基地東端的街道幾何相呼應。兩棟建物之間的小路，將兩條現有的公共道路串連起來，強化了區域內的移動。最後，那兩個平行四邊形既簡單又動感，暗示它們可發展成協調一致又富有建築趣味的房子。

儘管這個方案有成功的可能，但它需要回應的涵構考量相對較少。有許多其他的涵構要素，對於基地可以或應該如何興建，會提出不同甚至相反的訴求。

Sometimes you need to do one thing extraordinarily well. Most of the time, you need to do everything well enough.

有時，你需要把一件事做到超好。但大多數時候，你需要把每件事做到夠好。

如果你有十個問題待解決，不要專注在其中一個而忽視另外九個，而且不要等到你有足夠的時間一次處理十個問題。先把十個問題非常粗略的跑過一遍。接著稍微仔細一點處理所有問題。每一輪都要尋找更適合和更經濟的執行方式。這可讓你節省時間，幫助你更通盤地思考專案，並可讓你不致沉溺在自己鍾愛的問題上，而把其他排除掉。

86

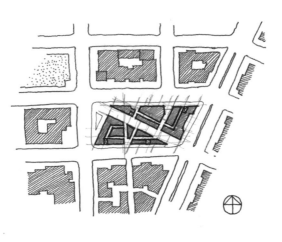

How and where will people *move*?

人們如何移動，移去哪裡？

基本上，每個都市基地都該被當成移動場──即便專案的目標是要打造一處休憩場所。事實上，使用某個基地或受其影響的民眾當中，只有一小部分是把該基地當成目的地。大多數人都是順道穿越或經過。

基地的動線規劃必須容納現有的移動模式並提供新的連結，強化人群、想法和能量的流動，讓相遇的機會極大化。即便是要解決單一建物內的動線，也必須把該棟建物與都市系統的關係考慮進去。

87

分析

ANALYSIS

總體規劃

Don't be afraid to do the obvious thing.

別怕去做顯而易見的事。

直白易懂的設計似乎與創意背道而馳：這麼直白的設計方案，不是每個人都想得到嗎？

情況往往相反。設計師的作品越是來自於真誠的觀察、痛苦的分析、未經過濾的洞察和明智的決策，而沒去顧慮原創性或自我表現，結果通常會更具原創性。這類結果看似誰都想得出來；你會擔心如果真的在課堂上發表出來，可能會被嘲笑。你可能會猜想，實習課的其他同學一定也都想過這個方案，並因為太過明顯而決定放棄。不過，當某樣東西在你看來似乎顯而易見，通常是因為它很自然，而不是因為其他人也曾看到同樣的東西。

88

"[No one] who bothers about originality will ever be original: whereas if you simply try to tell the truth (without caring twopence how often it has been told before) you will, nine times out of ten, become original without ever having noticed it. Give up yourself, and you will find your real self."

——C. S. LEWIS

「會去煩惱原創性的人,（沒有一個）真的原創:如果你只是試圖說出真實情況（一點也不在乎先前有多少人說過）,你可能十次會有九次不知不覺就成了原創。放下自我,你將會發現真實的自我。」

——C・S・路易斯[*]

[*] 譯註:C・S・路易斯（1898–1963）,英國作家暨基督教護教者,作品以奇幻文學、兒童文學和神學為主。代表作是《納尼亞傳奇》（The Chronicles of Narnia）。

89

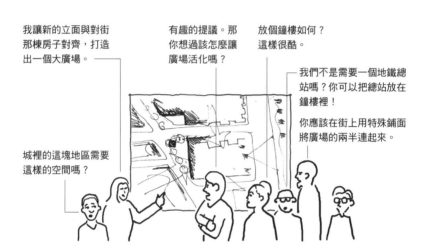

While making big plans, consider the details. When mucking around in the little stuff, stay alert to the big picture.

製作大計畫時，請考慮細節。
在小東西裡瞎忙時，請謹記全貌。

將你最棒的想法轉換成原則，可應用在其他地方與其他尺度上。

小型提議：用一條彎曲街道環繞過一棟歷史建物。
稍大提議：讓平行街道彎曲，形成「回聲」效果，呼應該棟建物對該區的重要性。

大型提議：創造一個大道網絡，組織該區的車輛交通。
小型提議：在每個大道交叉口放置一座城市紀念碑，強化城市的可辨識性。
中型提議：在每個以大道為邊界的區域內，打造一套街道系統和有別於其他區域的街廓特色。

小型提議：在新的混合用途開發區，設立城市自行車租借設施。
額外的小型提議：為自行車騎士提供修理、飲食、廁所和其他設施。
中型提議：在鄰近街道設立自行車專用道。
大型提議：打造一條有自行車道的線形綠色空間，將新開發區與城裡的主要綠色空間串連起來。

90

The key to solving a wicked problem is to stop trying to solve it.

解決棘手問題的關鍵是收手，不要試圖解決它。

棘手問題是一堆次問題的複合系統。它無法靠解決個別的次問題得到解決，因為它們是動態的，而且是連動的。解決一個次問題會改變其他次問題，或是讓某個次解決「變成沒解決」。

棘手問題必須用逐步和統合的方式處理。先一次研究一個次問題，探索各種可能的解決方案──但不要做決定。接著研究兩個或一組次問題。最後，你會以直覺方式一次解決兩個或更多次問題──雖然你還是無法繼續前進。接下來，從整體角度思考那個棘手問題：是哪些價值或假設造成這個問題並阻礙它得到解決？最後的解決方案必須傳達出怎樣的目標和價值？

最終的解決方案不會是各種次解決的總和，而是針對次問題的連動方式所提出的一套系統、走向或程序。

91

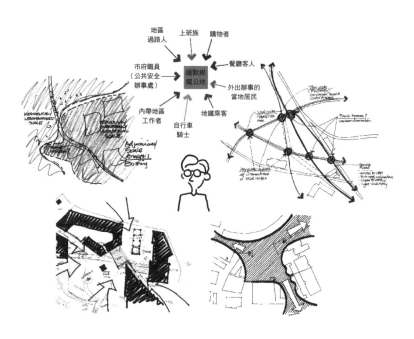

Without a crisis, there's no breakthrough.

沒有危機，就沒有突破。

在某一點上，一切都砸鍋了。你最棒的想法停止運作，或可以運作，但無法合作。你找不到方法前進。你回顧先前失敗的專案，你疑惑自己為什麼沒有記取教訓。你疑惑為什麼無法把設計流程管理得更好，為什麼無法阻止災難發生。你疑惑為什麼你不適合這個領域。

最後，你理解到，一切都砸鍋了也是過程的一部分。下一次當它發生時，你會知道這可能是因為你做對了。之後，你就會期待危機，而且會撐過去。

92

物理論證
務實的、機能的、
邏輯的、統整的

人文主義論證
回應個人、社會和文化
的需求與價值

方案

美學論證
美麗的、和諧的、
有啟發的、享受的

自然論證
回應並適應生態系統

A design scheme is an argument.

一個設計方案就是一場論證。

論證需要證據，但強有力的論證並非無懈可擊。如果論證完全正確，那就不是論證，而是事實呈現。因為不可能有完美無缺的證據，所以有效的論證不是為了證明你是對的，而是要顯示你的立論是有吸引力的。

93

Be brutally self-critical.

自我批判不留情。

你曾穿越自己提案的公共廣場嗎？你確定？你曾使用和享受它現在的空間嗎？你畫了一條深受使用者歡迎的散步道。它跟你圖裡畫的一樣有活力嗎？這個設計是根據人類社會行為的著名原則嗎？民眾覺得你的方案很吸睛嗎？你喜歡從你的客廳欣賞它嗎？你現在住的地方對街有這樣的廣場嗎？如果沒有，你認為其他人會想住在這樣的廣場對面嗎？

芬威球場（Fenway Park），波士頓，麻省

場所＞空間

都市設計師最主要的責任是設計實體空間。然而，設計師的終極目標，是讓該空間深受使用者喜愛，把它當成一個場所。空間是一個實體環境；場所則是民眾擁有依附感和歸屬感的空間。經過數十年到數百年，這種依附和歸屬將使空間轉化並更形豐富。使用者讓它適應新的目的，種植樹木，修復不完美的地方，在那裡與朋友相會，觀看生活上演，將姓名縮寫刻在長椅上。這些改變日積月累，為後人創造出更豐富的場所，它的終極成就是來自於它的使用者和它的文化，而非最早給了它形狀的設計師。

95

Students of urban design dwell in contradiction. In the design studios they take each semester, they are charged with designing important parts of cities and towns, even though they have little design experience and a limited understanding of urbanism. They are given minimal up-front instruction on how to achieve their goals; instead, they must learn by doing. This approach is perhaps necessary—as instructors, we cannot claim to have found a better way—but it asks the student to move in opposite directions at the same time; forward toward the completion of a project, and backward toward the broad understanding needed to complete it well.

How does a student negotiate this paradox? How does one design something before knowing anything about it? Where does one start—with understanding or action? Are there tangible strategies one can bring on while remaining on the lookout for larger learning?

The answers are unlikely to be found in textbooks or a formal lesson plan. But they exist in the design studio nonetheless, typically in parenthetical conversations and off-handed observations: instruction offer students to get them unstuck, shoo them off a wayward course, or simply inform or inspire them. Once the parentheticals are out of the way, the instructor returns to the lesson plan, ostensibly the

Palimpsest

重寫本

名詞。

1. 在擦除過的手稿上書寫的手稿或其他文本，原初的文本只有部分可以辨識。

2. 凡是重新使用或改變過、且承載了原初痕跡的任何東西。

96

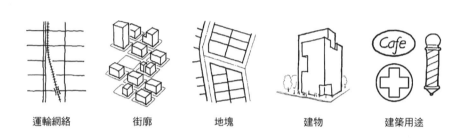

運輸網絡　　　街廓　　　地塊　　　建物　　　建築用途

複雜性較大　　　　　　　　　　　　　　　　　　　　變化率較快

Change is constant.

改變是常態。

都市主義的問題是無法一勞永逸解決的。它是生活的產物。當生活產生變化,都市主義就會自我重塑。都市主義是人類出生、成長、努力、成功、失敗和死亡的體現。

97

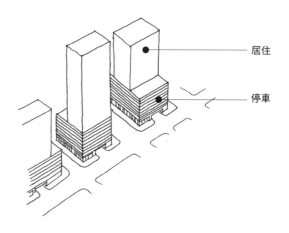

居住

停車

都市蔓本裡的郊區社會秩序

Urban is *how* people live, not simply *where* they live.

都市是人們生活的方式，而不僅是他們生活的地方。

以都市態度生活就是活在當地，參與直接體驗，並將自己融入社會紋理。以郊區態度生活則是擁抱區域主義、選擇性體驗與脫離社交。

一個住在都市街區的居民，如果開車去工作，在商店街購物，並維持一種區域性的社交網絡，那他其實是一位動態性的郊區居民。都市設計和規劃的終極目標，是要促進動態的都市主義，而不只是打造都市場所的實體，讓郊區的社會秩序在其中上演。

98

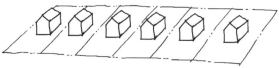

將房子放在地皮正中央

將房子放在地皮邊界附近

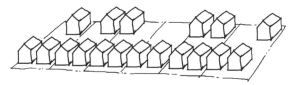

每塊地皮未來緻密化的可能性

If it can't be urban now, make it easy for it to become urban later.

如果現在無法成為都市，就讓它未來可以輕鬆變成都市。

設計郊區開發案時，要讓它與未來的鄰近開發區相連結。郊區的住宅和商業開發，通常只有少數的進出通道和特異的車輛動線。如果讓建築物、內部街道、甚至停車道與毗鄰的開發區對齊，就比較有可能在未來建立街道網和統整的都市景觀。

設計可以重新利用的停車場。讓一樓的高度可供零售使用。讓上方樓層的地板盡可能平整，且高度要足以因應未來改造成住宅、辦公室和其他用途。

如果多單位的公寓大樓只能做為住宅之用，請把一樓面街的房間設計成未來可以改成零售用途，但不損及住宅單位和大樓機能。

如果此刻無法實現高密度，讓它未來容易達成。反對高密度的力量拖垮過許多專案，所以，建造今日可接受的密度即可，但在建造方式上預留空間，等到公共輿情有了改變，就可將密度調高。

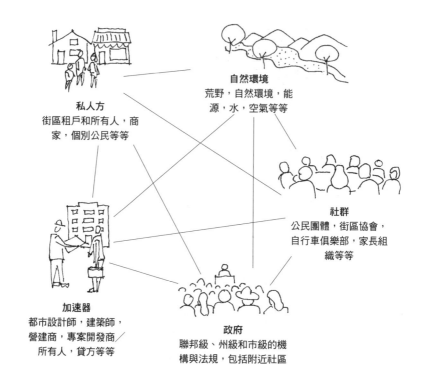

自然環境
荒野，自然環境，能
源，水，空氣等等

私人方
街區租戶和所有人，商
家，個別公民等等

社群
公民團體，街區協會，
自行車俱樂部，家長組
織等等

加速器
都市設計師，建築師，
營建商，專案開發商／
所有人，貸方等等

政府
聯邦級、州級和市級的機
構與法規，包括附近社區

共同關係人

They're not going to build what you draw.

他們不打算照你畫的蓋。

競奪的利益、不同的議程、實體的糾紛、法規的障礙、募資和其他數不清的考量，都會減緩都市場所的打造進度。雖然這些使情況複雜化的事物有時似乎沒有必要，但它們確實讓都市主義更加豐富：因為協商的過程很複雜，解決的方案八成也是。

都市設計師名義上或許是都市設計程序的領頭羊，但往往是一群難搞羊裡最沒名的那一位。我們的貢獻比較是印象派的，而非具體明確的，比較是建議性的，而非規範性的。最後的結果很少會是設計師最初設想的模樣。設計師打造的方案和繪圖，大多是方便大家討論用的，而不是最後的解答。

100

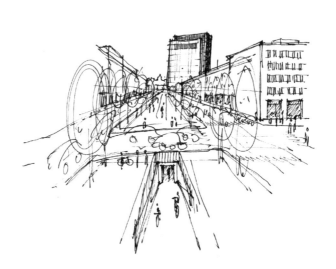

Your work will go on after you.

你的作品會在你之後繼續發展。

都市設計師在某方面必須是自我主義者。塑造實體環境和民眾生活所需的自信、篤定與敢作敢為，在他們身上是很棒的特質。但都市設計師還得要願意放手，願意放棄想控制或管東管西的欲望，願意接受過程大於任何個人。這或許讓人不太舒服，但這也是都市工作吸引我們的原因。我們的機會就是去參與這項永無止境的努力，它將超越我們，在我們離開之後繼續塑造人們的生活。

101

英文索引

（數字為篇章數）

中文索引

（數字為篇章數）

好城市的空間法則【長銷經典版】

給所有人的第一堂空間課，看穿日常慣性，找出友善城市的 101 關鍵要素

作　　　者	維卡斯‧梅塔 Vikas Mehta
繪　　　者	馬修‧佛瑞德列克 Matthew Frederick
譯　　　者	吳莉君
封面設計	白日設計
內頁構成	詹淑娟
執行編輯	劉鈞倫
企劃執編	葛雅茜
行銷企劃	蔡佳妘
業務發行	王綬晨、邱紹溢、劉文雅
主　　　編	柯欣妤
副總編輯	詹雅蘭
總 編 輯	葛雅茜
發 行 人	蘇拾平

出　　版　　原點出版 Uni-Books
　　　　　　Facebook：Uni-books原點出版
　　　　　　Email：uni-books@andbooks.com.tw
　　　　　　新北市新店區北新路三段207-3號5樓
　　　　　　電話：（02）8913-1005　傳真：（02）8913-1056

發　　行　　大雁出版基地
　　　　　　新北市新店區北新路三段207-3號5樓
　　　　　　24小時傳真服務　（02）8913-1056
　　　　　　讀者服務信箱 Email: andbooks@andbooks.com.tw
　　　　　　劃撥帳號：19983379
　　　　　　戶名：大雁文化事業股份有限公司

初版一刷　2021年2月
二版一刷　2024年9月

定價　380元
ISBN 978-626-7466-55-1（平裝）
ISBN 978-626-7466-50-6（EPUB）

國家圖書館出版品預行編目資料

好城市的空間法則【長銷經典版】：給所有人的第一堂空間課，看穿日常慣性，找出友善城市的 101 關鍵要素 / 維卡斯・梅塔(Vikas Mehta)作；馬修・佛瑞德列克(Matthew Frederick)繪. -- 二版. -- 新北市：原點出版：大雁文化事業股份有限公司發行, 2024.09

224面；14.8×20公分

譯自： 101 Things I Learned in Urban Design School

ISBN 978-626-7466-55-1（平裝）

1.都市計畫 2.空間設計

445.1　　　　113011040

101 Things I Learned in Urban Design School by Matthew Frederick and Vikas Mehta

This translation published by arrangement with Three Rivers Press,

an imprint of Random House, a division of Penguin Random House LLC.

This edition is published by arrangement with Three Rivers Press through Andrew Nurnberg Associates International Limited.

All rights reserved.